AF415248

Como Estudar Física

Como Estudar Física

Jose Valladares

Conteúdo

◆◆◆◆◆◆◆

COMO ESTUDAR FÍSICA

Escopo deste livro

Este livro foi escrito para os alunos. Pretende-se ser usado como um guia sobre como estudar física. Meu objetivo principal é preparar o aluno sobre como estudar física por isso apresentei tópicos em lógica para facilitar a compreensão do aluno, enfatizando em matemática e medidas em física. Não estudaremos em detalhes todos os conceitos de física. O tipo de perguntas que discutiremos não são mencionadas na maioria dos livros de física. As perguntas que discutiremos dizem respeito à sua vida pessoal, e para prepará-lo para ter sucesso em um curso de física.

Prefácio

Para um estudante de física é importante, e necessário fazer perguntas. É óbvio que o verdadeiro propósito de fazer física não é apenas memorizar conceitos e princípios, mas treinar sua mente a pensar claramente, e logicamente. Se você não fizer perguntas agora, no início dos capítulos, para treinar sua mente para praticar problemas simples, mais tarde problemas mais difíceis não serão resolvidos efetivamente.

Você se lembrará mais das respostas para suas próprias perguntas. Aprenda a fazer as perguntas certas, e também faça perguntas para acabar com quaisquer dúvidas sobre física.

Algumas perguntas que você pode se fazer sobre um princípio ou um conceito

- O que é velocidade?
- Por que é assim?
- Qual é a equação?
- Qual é o problema típico em relação a ele?
- Eu sei o que fazer com ele? Eu realmente entendo?
- Por que é importante saber?
- Isso se liga a outras idéias em física?

Se você se perguntar esses tipos de perguntas, e você tem respostas precisas, então você vai se sair bem em física. É essencial organizar todos os seus pensamentos, e lembrar de suas respostas.

CAPÍTULO 1

POR QUE ESTUDAR FÍSICA?

O que é física? Física é a busca da verdade, uma generalização que se aplica a todas as ciências. Na física perguntamos "quão rápido você pode cair?", "por que afundamos?", ou "o que faz os materiais esticarem?", Se pudermos encontrar respostas para essas perguntas, progredimos como indivíduos, nossa psique se expande para entender melhor o mundo ao nosso redor. Enormes possibilidades se abriram para promover o progresso da humanidade, e para descobrir coisas úteis para melhorar o mundo em que vivemos.

Física é tudo sobre nós. Física é uma ciência básica. Entra em jogo no campo da Medicina, Biologia, Arquitetura, Tecnologia, Terra e Ciências Ambientais. A física responde muitas perguntas sobre "como?" ou "por quê?". No entanto, nem todo mundo tem a oportunidade de estudar física na escola ou na faculdade. Esta, então, é a desculpa para um livro sobre como estudar física, um aluno pode se perguntar: "Posso obter um conhecimento básico de Física sem longas horas lendo o livro ou longas horas no laboratório?". A resposta para esta pergunta é "Sim". É possível compreender e obter um conhecimento de trabalho da Física, diligentemente, progressivamente e pacientemente estudar o assunto cuidadosamente. Assumo também que um estudante de ciências não se oporá a uma palavra de conselho, e a algumas sugestões sobre como estudar física.

O principal objetivo deste livro é melhorar sua capacidade de resolver problemas de física, pois o principal objetivo de uma educação é treinar as pessoas a pensar claramente sobre o que querem alcançar na vida. Este livro destina-se principalmente a estudantes que estão cursando a faculdade, que atualmente estão cursando física ou engenharia, que já sabem o que querem na vida, e têm uma ideia adequada de encontrar os melhores métodos de aprendizagem de um assunto; neste caso, sua atividade principal estará estudando. No entanto, não é necessário cursar a faculdade para estudar física, este livro também pode ser um guia para aqueles estudantes que não têm a oportunidade de estudar física na faculdade ou na escola.

O principal requisito para aprender um material na vida é a atitude mental. Você deve ter um desejo de aprender. O primeiro passo para aprender é dizer "eu não sei de nada", como Sócrates disse uma vez que é preciso grande sabedoria para aceitar a ignorância. Se você está firmemente convencido de que já sabe de tudo então você não terá um desejo de aprender, e este livro fará pouco bem. É preciso ser honesto consigo mesmo, um aluno é honesto consigo mesmo quando se senta, abre a primeira página do livro e começa a aprender. O conhecimento começa quando se aceita honestamente que não se sabe.

Todos temos diferentes razões para querer aprender física, e diferentes habilidades mentais para adquirir sua definição e conceitos. Existem muitos tipos diferentes de inteligência, e você nunca deve duvidar de sua inteligência para aprender física. Você é capaz de alcançar qualquer coisa na vida que você definir sua mente para fazer. Se você é capaz de dizer "eu não sou capaz", então com certeza você não é capaz, porque você colocou um limite em sua mente. Todos temos inteligência. É um presente. É um presente que todos nós posamos. Está embutido em nosso DNA. Nunca devemos colocar qualquer limite em nossa inteligência.

É certo que nem todos os alunos aprendem efetivamente da mesma forma. Ao estudar física, experimente diferentes maneiras de aprender, e lentamente desenvolva um sistema de estudo que se adapte perfeitamente a você. Mais tarde, você pode aplicar este sistema a outras disciplinas de ciência. Honestamente, aprender física requer trabalho, é demorado para ler e resolver problemas de palavras. Não há atalhos para aprender física, este livro só pode guiá-lo para que você possa trabalhar de forma mais eficaz.
Siga as sugestões abordadas neste livro, e isso ajudará você a obter uma nota melhor em seu curso. Cabe inteiramente a você decidir se você quer dedicar a maior parte do seu tempo para obter um A em física, mas então se você fizer isso você pode falhar em outros cursos de ter que passar todo o seu tempo em física.

Este livro vai ajudá-lo a usar o tempo de forma mais eficaz. Vou cobrir exemplos específicos, e um resumo dos principais instrutores de ideias que eu quero que você preste atenção.

 COMO ESTUDAR FÍSICA

Física para médicos

Médicos da medicina e departamentos de ciência entendem a importân-
cia da física na Medicina, e estas são importantes aplicações da física:
raios-x, medicina nuclear, escaneamento clínico de PET, espectroscopia
de ressonância magnética, magnetoencefalografia, ultrassom focado em
alta intensidade com ressonância magnética, tratamento de radioterapia e
ressonância magnética intervencionista. Os físicos médicos desempenham
um papel importante na sociedade, por exemplo, o diagnóstico do paciente
e o tratamento da doença. Um otorrinolaringologista precisa entender o
mecanismo da audição para diagnosticar e tratar seus pacientes.

Um oftalmologista precisa saber sobre problemas de óptica fisiológica
e visão. Um fisioterapeuta precisa entender o centro de gravidade e os
princípios das forças dentro do corpo humano. Um fisiologista precisa
saber sobre indução nervosa e contrações nervosas. Todos eles estão no
domínio da física, e aplicações importantes da física para a Medicina.

Física para engenheiros

Engenheiros e cientistas aprenderão a aplicar princípios da física para
resolver problemas e responder a muitas outras perguntas. Você encontrará
os tópicos padrão da mecânica, som, luz, calor, eletricidade, magnetismo,
física atômica e física nuclear. Você precisará de conhecimento matemáti-
co de álgebra, geometria e trigonometria. Engenheiros carregam um
programa pesado de estudos, honestamente, não haverá tempo suficiente
enquanto você estiver na faculdade para aprender tudo em detalhes. Por-
tanto, é essencial aprender a ensinar a si mesmo, e decifrar todos os fatos
que você precisará para os exames.

O estudante geral

Física é a mais básica das ciências. Geralmente é dividido em movimento, força e energia. Estes campos são movimento, fluidos, calor, som, luz, eletricidade, estrutura atômica, física nuclear, astrofísica elementar

partículas, e magnetismo. A física lida com o comportamento das partículas e a estrutura da matéria. Você não precisa ser um gênio ou um cientista de pesquisa em medicina para poder usar a física na tarefa diária. É essencial entender conceitos básicos, princípios e aplicar a física nas tarefas diárias da vida.

Se você está interessado em estudar física para aprender como tudo funciona, exemplos como como um motor elétrico funciona, ou como um telefone funciona, ou o tamanho de um átomo de hidrogênio, ou como descobrimos essas coisas, então é necessário que todos nós saibamos essas coisas.

É nosso dever como seres inteligentes entender os princípios básicos da física. Uma pessoa que discute energia atômica, gravidade e movimento entende que esse conhecimento não é apenas para cientistas e engenheiros. A responsabilidade sobre como resolver problemas mundiais não deve ser apenas para cientistas e engenheiros, mas como a física é sobre nós; cada indivíduo desempenha um papel nos problemas mundiais.

O Físico

Uma pessoa que quer se tornar um físico pode esperar saber o seguinte:

1.   Os conceitos e princípios da física

      É essencial que o aluno entenda conceitos e princípios antes de tentar resolver um problema.

2.   Como fazer perguntas a si mesmo
      (métodos de perceber problemas)

      Física é sobre percepção. A maneira como você percebe um prob
      lema é criando um modelo em sua mente, aplique seu conhecimen

                    COMO ESTUDAR FÍSICA

to ao seu modelo e, em seguida, faça-se perguntas se os princípios e conceitos da física fazem sentido. Antes de realizar um cálculo é importante chegar ao cerne do problema.

3.   Percepção (Como separar o essencial das informações não essenci ais de um problema)

Um físico desenvolve intuição mental ao longo do tempo resolven do muitos tipos diferentes de problemas. Ele aprende técnicas difer entes para atacar problemas. Essas técnicas são adquiridas em labo ratório.

4.   Laboratório

Sua compreensão do material nas palestras é reforçada em labo ratório através de uma combinação de estudos antes de ir às aulas, discutindo os materiais com alunos, instrutores e capacidade de resolver problemas.

It is obvious for a physicist to have a clear understanding of concepts and principles of physics. Perception, and laboratory knowledge are equally important, and can be acquired by practicing on solving problems.

The methods and techniques are important, and it is essential to train your thinking through practice on simple problems, so it is important that you understand, be able to apply various concepts and theories discussed in class. The simple problems will build self-confidence, so that later on more difficult problems, and situations can be approached more effectively.

Resolver problemas de física

Resolva o máximo de problemas que puder nos dois primeiros capítulos, tenha em mente que você não absorverá o significado completo dos termos após uma leitura, e várias leituras dos capítulos, e notas podem ser necessárias. Faça perguntas a si mesmo durante a leitura, e não tenha medo de fazer perguntas se tiver alguma dúvida.

　　　　COMO ESTUDAR FÍSICA

CAPÍTULO 2

DESENVOLVENDO O HÁBITO DE ESTUDO

Atitude mental positiva

Os requisitos mais importantes para aprender qualquer assunto, seja matemática ou física, é a atitude mental positiva, e um desejo de aprender. Física não é um assunto fácil, esta é a razão pela qual é recomendado manter uma atitude positiva em relação ao assunto. Se o curso é exigido como parte de um currículo de formação profissional, então o curso é necessário. O principal objetivo da física é treinar as pessoas a pensar claramente, desenvolver o pensamento organizado e demonstrar ao instrutor que você pode entender a ciência. Física ensina ordem. O material e os problemas na física ensinam os alunos a pensar claramente, e a clareza do pensamento é impulsionada pela ordem. Tudo no universo tem ordem. Ordem e desordem não podem coexistir juntos. Se há desordem em sua mente, a física exige que você tenha ordem, em um sentido que entender conceitos de física requer que você tenha ordem em sua mente. A ordem é como o sangue para clareza do pensamento, quando você entende o material você pode facilmente aplicar o conhecimento no papel, e explicar os conceitos para outra pessoa com confiança. Física não é sobre inteligência é sobre ordem. Física se torna fácil para um aluno que é organizado.

Como estudante de ciências, a física pode ser aprendida vendo, ouvindo, lendo, escrevendo e falando. Você estará em uma aula com outros alunos que também querem aprender física, se interessar pelo assunto conversando sobre as coisas com colegas estudantes, e talvez você vai desenvolver mais entusiasmo aprendendo física com seus amigos.

Vá para a aula a tempo. Seja você mesmo. Fique alerta. Esteja pronto para aprender. Seja cooperativo com os alunos e instrutor. Certifique-se de ler o currículo para o curso e seguir o cronograma estabelecido pelo seu instrutor. Se você se distrair facilmente sente-se na primeira ou segunda fila, onde você não vai se distrair com colegas estudantes, e você será forçado a prestar atenção. Faça disso um hábito, e sempre planeje com antecedência cada dia antes da palestra para fazer uma leitura cuidadosa do livro didático antes de assistir à sua aula. Tenha em mente que poucas pessoas podem absorver material científico após uma leitura.

O instrutor repetirá o material que você já cobriu antes do tempo, e a física fará mais sentido. Tome notas cuidadosas, porque o instrutor tem um plano; Ele quer que você aprenda com as anotações dele. Faça perguntas sobre ideias que exigissem esclarecimentos.

Estude física diariamente, você não pode estudar um capítulo por uma hora, depois não estudar pelos próximos 3 dias, e esperar aprender. É importante criar seu próprio cronograma de estudos, reservar tempo para outras aulas e dedicar um certo tempo para estudar. Recomendo organizar um cronograma de estudo, leia abaixo para instruções, pelo menos uma hora por dia.

Você aprende mais física estudando-a por uma hora por dia do que estudando-a nos fins de semana por 8 horas. É muito mais fácil aprender física no dia a dia do que aprender todo o capítulo em um dia. Se você está tomando várias unidades, é melhor estudar um assunto por uma hora, e depois mudar para outro assunto após uma hora. Durante a sessão de estudo de várias horas, faça um relaxamento ocasional. Não fique para trás, e tente não forçar sua mente a aprender física por horas. Experimente para descobrir qual método combina com você. Continue com seu trabalho.

Você deve reduzir a memorização da física ao mínimo. Memorizar passagens de um texto, equações e derivações de escrita no papel não significa que você entenda física. Para dominar a física, ou qualquer assunto, requer trabalho, e isso leva tempo. Sua compreensão do material é uma combinação de experimentos de laboratório, discutindo material com instrutor ou outros alunos, e revisando o material diariamente. Na física, é essencial desenvolver uma capacidade de analisar problemas, pensar logicamente e discriminar entre material essencial e não essencial. Estude para entender o material, leia atentamente e vá devagar. Física não pode ser lida como um romance, ou nem mesmo como uma lição de história. Tente pensar nas aplicações do material enquanto lê física, e pare por um momento para

     COMO ESTUDAR FÍSICA

pensar como as equações se aplicam às teorias, ou como as fórmulas são derivadas.

Enquanto estuda, mantenha as preocupações pessoais fora de sua mente. Se você tem problemas emocionais, receba alguns bons conselhos, pense sobre isso, e tente não forçar sua mente a estudar enquanto você tem problemas pessoais. Você não será capaz de aprender, e qualquer coisa que você passar será esquecido.

É importante orçar seu tempo. Faça um cronograma de estudo, de preferência diariamente, e mantenha-o por pelo menos duas semanas. Durma o suficiente. Faça exercícios físicos moderados regulares e alguma recreação. Como regra geral, deixe duas horas de estudo por aula.

Encontre um lugar tranquilo para estudar, seja em casa, ou na biblioteca, com muita luz, e espaço na mesa. Certifique-se de que sua mesa está livre de distrações, que está longe de tablets, telefone ou computador. Evite responder às mensagens de texto, uma pequena distração irá atrapalhar sua linha de pensamento, e então não é fácil voltar a funcionar. Estude conscientemente. Sentar de costas para a porta, e rejeitar todos os tipos de interrupções. É importante que você evite o hábito de não estudar por dias, um conselho útil, não estudar levará a resultados desastrosos.

Planeje estudar física o mais rápido possível, enquanto você ainda se lembra de coisas que provavelmente serão esquecidas no dia seguinte. Você será capaz de resolver problemas após a aula enquanto sua mente ainda está fresca exigindo menos concentração. Um período de relaxamento ocasional de 15 minutos muitas vezes é uma ajuda ou conseguir algo para comer antes de estudar pode ajudar. Você não vai conseguir muito se você se forçar a estudar com o estômago vazio.

Quando você terminar um capítulo, tente resolver problemas de números ímpares, e as respostas são dadas no final do livro. O objetivo de resolver problemas é testar suas habilidades de resolução de problemas enquanto você lê o livro didático. Depois de terminar de resolver problemas, pense por um momento no que aprendeu e pense nas principais ideias. Escreva as principais idéias ou diga-as em sua mente; mantendo um registro de seus pensamentos. No dia do exame, seu instrutor pode pedir que você escreva os princípios em suas próprias palavras.

Faça perguntas a si mesmo para testar seus conhecimentos. Você aprenderá de forma mais eficaz quando colocar seu conhecimento à prova, perguntando a si mesmo sobre o que você aprende. Tente explicar a um amigo o que você aprende para descobrir se você pode responder perguntas, se você tem dúvidas, então é hora de fazer uma segunda leitura do material.

Você vai descobrir que as perguntas de física têm respostas simples sim ou não, e a maneira de se fazer perguntas é analisando o material, ou até que todas as suas dúvidas tenham sido respondidas.

Algumas perguntas você pode se fazer quando estudou a lei gravitacional de Newton e as três leis de newton:

- Um objeto pesado como uma rocha cai ao mesmo tempo da mesma altura que um objeto leve (pena)?

- A velocidade observada de um objeto em movimento depende da velocidade do observador?

- Uma partícula existe ou não?

Você vai descobrir que algumas respostas não saem como você espera primeiro. Em física é importante sempre fazer perguntas a si mesmo, se você não consegue encontrar respostas para suas perguntas entre em contato com seu instrutor para obter ajuda.

Cronograma de estudos

É importante estabelecer um cronograma de estudo, se você trabalhar em tempo integral, e estudar física. Certifique-se de ler o currículo para o curso antes do semestre, e comece a planejar um cronograma diário de estudos. Aprenda a orçar seu tempo. Uma ideia que recomendo escrever no horário de estudo é tirar uma soneca diária. Tirar um cochilo antes da física vai ajudá-lo a prestar melhor atenção, e melhorar sua memória. Se não for possível tirar um cochilo antes da física, pelo menos tire um antes de estudar física.

Em média por semana você terá 48 horas para estudar. A maior parte do tempo será perdida fazendo recados, respondendo mensagens de texto, lendo as notícias e assistindo programas. Depende inteiramente de você se você quer fazer bom uso do seu tempo. É importante não ficar para trás, e estar sempre em cima das coisas. Enquanto estuda física, você pode estar perdido sonhando acordado, como acontece com estudantes de física que tentam encontrar soluções para problemas difíceis. Se você tem pensado muito, e não consegue as respostas, faça uma pausa de 10 a 15 minutos.

Para ajudá-lo a economizar tempo, listarei constantes e fatores de conversão. Vou postar esta informação útil no fundo do livro.

CAPÍTULO 3

COMO FAZER ANOTAÇÕES

Todos sabemos como tomar notas. Sabemos que normalmente escrevemos idéias importantes, ou informações que achamos que podemos esquecer com o tempo. Tomar notas na aula de física é bem diferente de tomar boas notas em História, ou aula de inglês. Uma das principais diferenças é que a maioria das aulas de história ou inglês são as representações de materiais históricos ou ideias ficcionais. Um estudante de história toma boas notas para memorizar o material. Em física você deve reduzir a memorização do material ao mínimo. Considerando que, na física, as palestras são principalmente a explicação de princípios, ou conceitos. Esses princípios são ilustrados por manifestações e exemplos. Um instrutor escreverá uma fórmula no quadro, e demonstrará como a fórmula se aplica a um diagrama no quadro. Certifique-se de desenhar o diagrama, não omita símbolos ou setas, pois essas setas normalmente representam vetores ou forças agindo em objetos. Se você leu o capítulo do dia anterior, não presuma que já conheça o material, e assuma que o instrutor lhe mostrará que será inútil, nunca custa repetir o material em sua mente.

Os mesmos conceitos e princípios explicados no capítulo o instrutor também irá explicá-los em suas próprias palavras. A principal coisa a fazer ao tomar notas é escrever a explicação. Você realmente entenderá melhor as explicações se passar um pouco do seu tempo estudando antes da aula.

Para a maioria dos palestrantes, o instrutor demonstrará de duas a quatro páginas de notas por dia. Alguns alunos não escreverão nada no papel, exceto diagramas, enquanto outros tomarão o máximo de notas possível para maximizar sua experiência de aprendizagem.

Se o instrutor for muito rápido, peça a ele ou a ela para ir mais devagar, não tenha medo de perguntar; você pode pedir para repetir o problema ou esclarecer um conceito.

Os fiólogos afirmam que o processo de escrita de notas no papel contribui para o processo de aprendizagem, além da explicação verbal ajuda a se concentrar e lembrar melhor do material. Após a aula, discuta a lição junto com um colega, ou faça uma declaração sobre a lição ao seu instrutor para obter mais conhecimento de insights. Instrutores de física estão sempre dispostos, e prontos para dar informações de insights. O principal objetivo de tomar boas notas é ajudá-lo a entender o material, e um duplo propósito de ser um auxílio de aprendizagem fisicamente antes de um exame ou teste.

À noite, antes de dormir, navegue por suas notas, como uma forma de rever o seu dia, e ajudá-lo a lembrar como aplicar fórmulas.

CAPÍTULO 4

MATEMÁTICA EM FÍSICA

Física não é um assunto fácil, a razão pela qual não é fácil, não é física em si, às vezes é a matemática usada que é a fonte da dificuldade. Um aluno pode imaginar que a física é um assunto difícil quando, na verdade, pode ser sua formação matemática que foi esquecida ou enferrujada demais para ser útil. Se você está preocupado ou preocupado, então você precisa rever técnicas matemáticas simples, incluindo álgebra, geometria e trigonometria. Você achará esta seção útil para examinar tópicos antigos ou aprender quaisquer novos. Estas seções em matemática destinam-se a uma breve revisão das operações e métodos. Incluí problemas de prática como uma forma de atualizar suas habilidades para resolver problemas matemáticos.

Operações elementares

Presumo que você saiba como adicionar, subtrair, multiplicar e dividir. Algumas operações longas, como divisões, e multiplicações eu recomendo que você use uma calculadora.

Expoentes

A notação x^n, x é uma quantidade que se multiplica vezes o número de n. Por exemplo, $x^2 = x \cdot x$, e $x^3 = x \cdot x \cdot x$. A quantidade n é chamada de expoente, ou o poder de x (a base). Algumas regras que vão ajudá-lo a simplificar

Quando dois poderes de x são multiplicados, os expoentes são adicionados:

$$(x^m)(x^n) = x^{(m+n)}$$

Quando n=0 a potência é definida como 1

$$x^0 = 1$$

Quando dois poderes são divididos

$$\frac{x^n}{x^m} = x^n x^{-m} = x^{n-m} \quad \text{;os expoentes são subtraídos}$$

Quando um poder é elevado a outro poder,

$$(x^n)^m = x^{nm} \quad \text{;os expoentes são multiplicados}$$

Problemas de prática:

$$x^6 x^0 =$$

$$\frac{x^9}{x^{1/3}} =$$

Notação científica

Na física ou na ciência em geral muitas quantidades são muitas vezes valores muito grandes ou muito pequenos.
Por exemplo, a velocidade da luz é de 300.000.000 m/s. Para evitar esse problema, os alunos devem usar o poder de 10.

$$10^0 = 1$$
$$10^1 = 10$$
$$10^2 = 10 \times 10 = 100$$
$$10^3 = 10 \times 10 \times 10 = 1000$$
$$10^4 = 10 \times 10 \times 10 \times 10 = 10,000$$
$$10^5 = 10 \times 10 \times 10 \times 10 \times 10 = 100,000$$

O número de zeros representa a potência para a qual 10 é elevado. Chama-se expoente de 10. Por exemplo, a velocidade da luz agora pode ser expressa como:

$$3 \times 10^8 \text{ m/s}$$

No método a seguir, o número de lugares que o ponto decimal é colocado é igual ao dígito exponencial.

$$10^{-1} = \frac{1}{10} = 0.1$$

$$10^{-2} = \frac{1}{10 \times 10} = 0.01$$

$$10^{-3} = \frac{1}{10 \times 10 \times 10} = 0.001$$

$$10^{-4} = \frac{1}{10 \times 10 \times 10 \times 10} = 0.0001$$

$$10^{-5} = \frac{1}{10 \times 10 \times 10 \times 10 \times 10} = 0.00001$$

Por exemplo, 0.0000332 é 3.32x 10^{-5}, o ponto decimal é colocado à esquerda que é igual ao valor do expoente negativo.

A seguinte regra geral é útil:

$$10^n \times 10^m = 10^{n+m}$$

Ao dividir números expressos em notação científica:

$$\frac{10^n}{10^m} = 10^n \times 10^m = 10^{n-m}$$

Álgebra básica

As leis da aritmética aplicam-se quando as operações básicas de álgebra são realizadas. Símbolos como x, y e z são usados para representar quantidades que não são conhecidas.

 COMO ESTUDAR FÍSICA

Considere o seguinte:

$8x = 32$
Resolver para x,

$x = 4$; otestamos a resposta dividindo ambos os lados por 8

Em seguida, considere a equação

$x+2=8$

Subtraímos 2 de cada lado

$x+2-2=8-2$

$x=6$

Em geral, $x + a=b$, e $x = b - a$

Considere a próxima equação

$\dfrac{x}{5} = 9$

Se multiplicarmos cada lado por 5, ficamos com x

$\dfrac{x}{5}(5) = 9 \cdot 5$

$x = 45$

Todos esses casos, qualquer operação que fizemos no lado esquerdo também deve ser realizada no lado direito.

Aplicam-se as seguintes regras:

Multiplicar: $\dfrac{a}{b} x \dfrac{c}{d} = \dfrac{ac}{bd}$ Dividir: $\dfrac{(a/b)}{(c/d)} = \dfrac{ad}{bc}$

Agregando: $\dfrac{a}{b}\pm\dfrac{c}{d}=\dfrac{ad\pm bc}{bd}$

Problemas de prática:

resolver x:

1. $a = \dfrac{1}{1+x}$

2. $4x-5=15$

3. $\dfrac{5}{2x+3}=\dfrac{4}{3x+1}$

Factores

Fórmulas úteis para fatorar uma equação:

$$ax+ay+az=a(x+y+z) \qquad \text{fator comum}$$

$$a^2+2ab+b^2=(a+b)^2 \qquad \text{quadrado perfeito}$$

$$a^2-b^2=(a+b)(a-b) \qquad \text{diferenças de quadrados}$$

Equações lineares

Uma equação linear é uma equação da forma

$$y=mx+b$$

Onde m e b são constantes. Tal equação é dita ser linear porque se gravamos esta equação, o gráfico de y versus x será uma linha reta. A constante b, chamada y intercept, é o valor de y em x=0, representa o valor em y no qual a linha reta intercepta o eixo y.

A m constante é a inclinação da linha, e também é igual à tangente do ângulo correspondente à mudança em x. A inclinação da linha reta pode ser expressa como

$$slope = \frac{y_2 - y_1}{x_2 - x_1} = \frac{\Delta y}{\Delta x} = \tan\theta$$

Note que se m < 0, a linha reta tem um amor negativo, e em m > 0 tem uma inclinação positiva.

Não há valores únicos de x e y, se x e y são ambos desconhecidos na equação.

Problemas de prática:

1. xy = 4 é uma equação linear, é verdade ou falsa?

2. Desenhe o gráfico da seguinte linha reta

$$y = 4x + 3$$

Equações quadráticas

Quando uma equação quadrática não pode ser resolvida por fatoração, então usamos uma fórmula quadrática.

A forma geral de uma equação quadrática é:

$$ax^2 + bx + c = 0$$

x é o desconhecido, a, b, c são chamados de coeficientes numéricos da equação.

A equação tem duas raízes, dadas por

$$x=\frac{-b\pm\sqrt{b^2-4ac}}{2a}$$

Se $b^2\geq 4ac$, então a raiz é são números reais

Problemas de prática:

1. $x^2+3x-1=0$
2. $2x^2+4x-9=0$
3. $2x^2+5x-2=0$

Logaritmos

$$x=a^y$$

se x está relacionado a y, então o número a é chamado de número base, então o número y é o logaritmo de x para a base a. assim,

$$x=\log_a y$$

Logaritmos são expoentes, listados abaixo são algumas regras que vão ajudá-lo a simplificar os termos.

Se $y_1 = a^n$, e $y_2 = a^m$, Então

$$y_1 y_2 = a^n a^m = a^{n+m}$$

Corresponda a

$$\log_a y_1 y_2 = \log_a a^{n+m} = n+m = \log_a a^n + \log_a a^m = \log_a y_1 + \log_a y_2$$

 COMO ESTUDAR FÍSICA

$$\log_a y^n = n \log_a y$$

As duas bases mais utilizadas são a base 10 chamada logarightsm comum, e logaritmos para base e (onde e=2.718...) chamada base logaritmo natural.

$$y = \log_{10} x$$

quando logaritmos naturais são usados

$$y = \ln_e x$$

algumas propriedades úteis de logaritmos são

$$\log(ab) = \log a + \log b$$
$$\log(a/b) = \log a - \log b$$
$$\log(a^n) = n \log a$$
$$\ln e = 1$$
$$\ln e^a = a$$
$$\ln\left(\frac{1}{a}\right) = -\ln a$$

Geometria

Na física, as ferramentas analíticas básicas são figuras geométricas. Círculos e esferas são essenciais para entender o momento angular e as densidades de probabilidade da mecânica quântica. A razão da circunferência de um círculo ao seu diâmetro, d é π, que tem um valor de 3,141592

Círculo:

$$A = \pi r^2$$

área de um círculo

$$C = \pi d = 2\pi r$$

circunferência
de um círculo

Paralelogramo:

A área de um paralelograma é a base b vezes a altura h.

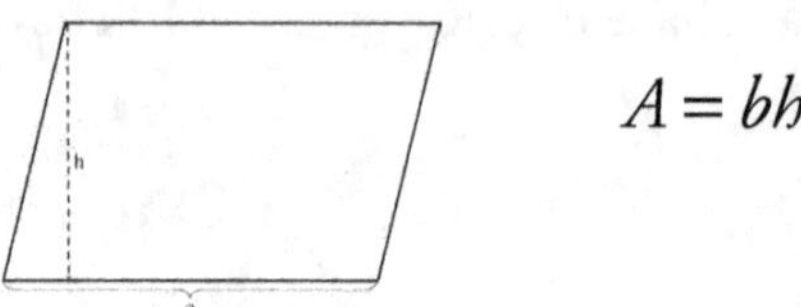

$$A = bh$$

Esfera:

Uma esfera de raio r tem uma área de superfície dada por

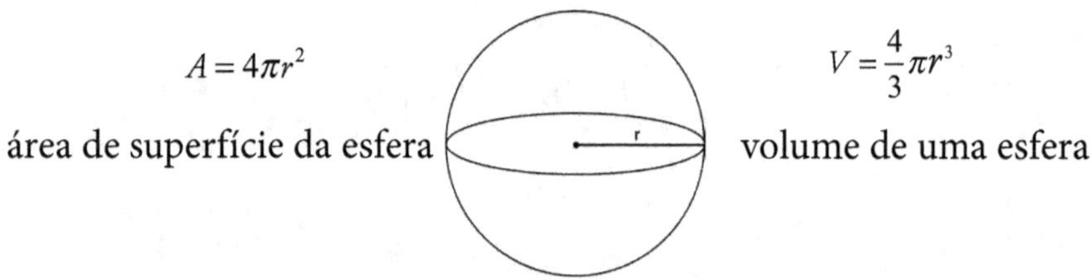

$$A = 4\pi r^2$$

área de superfície da esfera

$$V = \frac{4}{3}\pi r^3$$

volume de uma esfera

Cilindro:

Um cilindro de raio r e comprimento h tem uma superfície são de

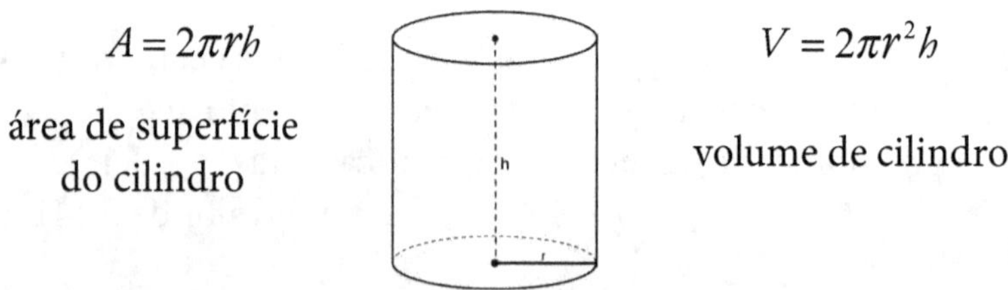

$$A = 2\pi r h$$

área de superfície
do cilindro

$$V = 2\pi r^2 h$$

volume de cilindro

Problemas de prática:

1. Qual é a área de um cilindro que tem um raio queis ¼ seu comprimento?
2. Qual é o volume de uma esfera e um cilindro se o raio for 4,5?
3. Calcular a área de um cilindro, r=2,5 e h=7

Trigonometria

Em física, estudaremos vetores e analisaremos o movimento em duas
dimensões. As funções trigonométricas também são essenciais na análise
do comportamento do período, do movimento circular e da mecânica de
ondas.

Triângulo:

Por definição, um triângulo retângulo é aquele que contém ângulo de 90
graus. As três funções trigonométricas básicas são definidas por um triângulo, como o pecado, cos e funções tangentes. Em termos de ângulo essas
fucções são definidas por

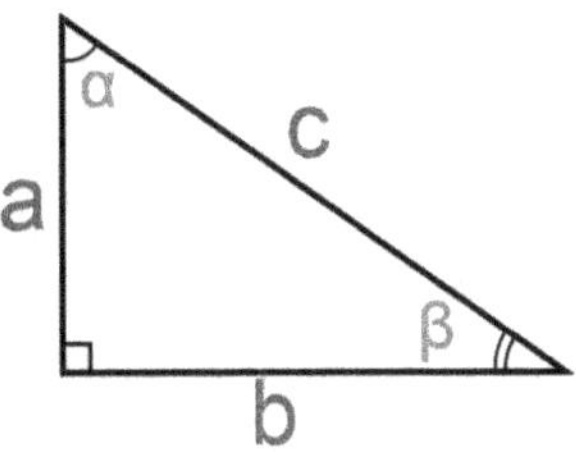

$$\sin \beta = \frac{a}{c}$$

$$\cos \beta = \frac{b}{c}$$

$$\tan \beta = \frac{a}{b}$$

O teorema pitagórico fornece uma relação entre os lados de um triângulo
retângulo:

$$c^2 = a^2 + b^2$$

segue-se que

$$\sin^2 \beta + \cos^2 \beta = 1$$

$$\tan \beta = \frac{\sin \beta}{\cos \beta}$$

As funções cosecante, secante e cotangent são definidas por

$$\csc \beta = \frac{1}{\sin \beta}$$

$$\sec \beta = \frac{1}{\cos \beta}$$

$$\cot \beta = \frac{1}{\tan \beta}$$

Problemas de prática:

1. Se a=3, b=4, c=5 do triângulo encontrar (a) cos (b) sin (c) tan
2. Se a=5, b=4 então usar a teoria pitagórico encontrar c
3. Do problema 1 encontrar (a) csc (b) sec (c) cot

CAPÍTULO 5

FÍSICA E MEDIÇÕES

A física é baseada em observações experimentais e medidas quantitativas. As leis da física são expressas em termos de quantidades físicas que exigiam uma definição clara. As quantidades físicas são números obtidos medindo o mundo físico; quantidades físicas são força, velocidade, volume e aceleração que podem ser descritas em termos de medições.

Por exemplo, o comprimento deste livro é uma quantidade física, assim como a quantidade de tempo que leva para você ler esta seção, e a temperatura do ar em seu quarto.

Uma medição de qualquer quantidade física envolve atribuir essa quantidade a uma unidade padrão definida. Na mecânica, as três quantidades básicas são comprimento (L), massa(M) e tempo(T). Os resultados de cada problema de física devem ser relatados nas unidades. Por exemplo, para medir a distância entre dois pontos, precisamos de uma unidade padrão de distância, como uma polegada, um metro ou um quilômetro. Se o resultado de um problema for de 15 metros, significa que é 15 vezes o comprimento do medidor da unidade. Se você escrever o resultado como 15, não tem nenhum significado, seu professor pode assumir que a resposta é em segundos, libras ou pés. Você pode se perguntar "por que é necessário saber disso?". Na física, muitas das quantidades que você estará estudando são: velocidade, força, impulso, trabalho, energia e energia que podem ser expressas em termos de tempo, comprimento e massa.

Em 1960, um comitê internacional estabeleceu um conjunto de padrões para a comunidade científica chamado SI (French Systeme international).

Há sete quantidades básicas no sistema SI.

Comprimento
Massa
Tempo

Corrente elétrica
Termodinâmico
Temperatura
Quantidade de substância
Intensidade luminosa

Definirei três unidades base SI comprimento, massa e tempo. Mais tarde, quando você estudar termodinâmica, e eletricidade você precisará conhecer as outras unidades si base.

Comprimento:

O medidor (m) é a unidade SI de comprimento.

Em 1960, o comprimento do medidor foi definido como a distância entre duas linhas em uma barra de platina-irídio específica armazenada em condições controladas. Até recentemente, o medidor era definido como 1.650.7653,73 comprimentos de onda de luz vermelho-laranja emitidos a partir de uma lâmpada krypton-86. No entanto, a última definição, o medidor é determinado usando a velocidade da luz através do espaço vazio, que é definido exatamente 299.792.458 m/s. O medidor é, então, a distância que a luz viaja através de um vácuo durante um tempo de 1 / 299.792.458 segundo.

No sistema de engenharia britânico, a unidade de comprimento é o pé (ft). O sistema de unidades SI é universalmente aceito na ciência e na indústria. Certifique-se de diferenciar entre os dois sistemas quando você está resolvendo problemas de física.

Massa:

A unidade básica si de massa, o quilograma(kg).

O quilograma é agora definido como a massa de um cilindro de liga de platina-irídio específico. Outra unidade, que é um sistema habitual dos EUA, de força (força de libra) em vez de massa é considerada uma unidade base.

Tempo:

     COMO ESTUDAR FÍSICA

A unidade básica de tempo SI, a segunda, é definida como períodos da radiação de um átomo de césio-133 exatamente como 9.192.631.770 ciclos por segundo.

A unidade de tempo, segundo(s), foi definida em termos de rotação da terra. O dia solar médio é igual a (1/60)(1/60)(1/24). Atualmente, o segundo é agora definido em termos da freqüência de um determinado tipo de átomo de césio

Conversão de unidades

Como diferentes sistemas de unidades estão em uso, às vezes é necessário converter unidades de um sistema para outro. As unidades de comprimento são as seguintes:

1 milha = 1609 m = 1.609 km

1 pé = 0,3048 cm = 30,48 cm

1 m = 39,37 polegadas = 3,281 pés

1 po. = 0,0254m = 2,54 cm

Aprenda a converter entre o sistema de unidade SI e o sistema de unidade de engenharia britânico. Você estará economizando tempo se você dominar isso antes de saltar para resolver problemas.

Por exemplo, suponha que desejamos converter 10 polegadas em centímetros.
Sabemos 1 polegada = 2,54 cm.

Nós encontramos isso

10 po. = 10 po. (2,54 cm / 1 po.) = 38,1 cm

10 polegadas equivalea a 38,1 centímetros.

CAPÍTULO 6

COMO TRABALHAR PROBLEMAS DE FÍSICA

A teoria dos problemas

Cada problema de palavra tem três componentes, e um solucionador de problemas tem que dissecar o problema, reconhecer esses três componentes, encontrar quais informações são irrelevantes ou relevantes e fornecer uma solução.

Os três componentes são informações sobre expressões determinadas, expressões de operação e expressões de gol. Um solucionador de problemas define cada expressão de acordo com o material que aprendeu no capítulo. Geralmente, um aluno pode conhecer todas as fórmulas, definições, assim por diante, mas pode não saber associar uma definição ao problema, e pode não saber diferenciar o que é relevante, e informações irrelevantes. No entanto, em alguns casos, o problema será óbvio que um problema específico pode pedir uma operação matemática.

Dada expressão:

A informação que está claramente declarada no problema é a dada. Pode ser um número constante, uma equação matemática ou pode ser um princípio. Estes são os valores conhecidos explicitamente indicados no problema. Por exemplo, a massa de um objeto é de 4 kg, a velocidade inicial é zero, a força e a massa são constantes, etc.
Reduza o problema ao essencial, liste as quantidades conhecidas e as quantidades necessárias. Desenhe e marque um diagrama, se possível.

Faça a si mesmo esta pergunta:

As informações dadas são relevantes ou irrelevantes para o problema?

Expressão de operação:

Uma expressão de operação são as medidas tomadas para encontrar o desconhecido, e os princípios relacionados a um problema são identificados. Os valores conhecidos podem lhe dar uma idéia sobre qual fórmula usar para resolver um problema.

As expressões de operação são etapas para encontrar tudo o que você precisa antes de realizar um cálculo sobre um problema. O processo de pensamento é feito nesta fase. Analise o problema, pense sobre ele e converta unidades se puder.

Um solucionador de problemas tem que se fazer essas perguntas em uma operação.

- Quais são os valores conhecidos e desconhecidos?
- Que conceitos e princípios estão envolvidos?
- Como os valores conhecidos se relacionam com uma fórmu la(equação)?

Expressões de gol:

As expressões de metas são os passos finais para resolver um problema. O objetivo do problema. Nesta fase você quer saber qual é o problema pedindo.

Leia atentamente a questão do problema e realize quaisquer cálculos. Resolva algebricamente o máximo possível, e complete a solução numérica.

Perguntas para se fazer:

- Qual é o objetivo do problema?

- Preciso fazer um cálculo ou explicar um princípio?

- Qual é o problema de pedir para resolver?

- As unidades combinam?

- A resposta é razoável?

Você deve prestar atenção aos problemas de física e não deve ser desencorajado se você não entender perfeitamente os conceitos. Se você não consegue entender um problema, peça uma dica ao seu amigo de classe ou entre em contato com seu instrutor.

Problemas de física

1. Você decide ir para uma longa viagem. Você dirige por uma hora a cinco milhas por hora. Em seguida, duas horas a quatro milhas por hora, e depois três a sete milhas por hora. Quantas milhas você dirigiu?

Dado: Uma hora a 5 mph
   Duas horas a 4 mph
   Três horas a 7 mph

O problema é pedir distância. Para obter a resposta usamos a equação:

$$v = \frac{x}{t} \qquad\qquad x = vt$$

x - distância

t - tempo

v - velocidade

Enquanto você dirige as mudanças de velocidade, então temos que dividir a viagem em três seções.

Operação:

$$X_1 = 1 \times 5 = 5 \text{ milhas}$$
$$X_2 = 2 \times 4 = 8 \text{ milhas}$$
$$X_3 = 3 \times 7 = 21 \text{ milhas}$$

$$X_{total} = X_1 + X_2 + X_3$$

$$X_{total} = 5 + 8 + 21 = 34 \text{ milhas}$$

Meta: Você dirigiu 34 milhas no total.

2. Visualize o problema

> Uma pedra é lançada do topo de um edifício para cima, à medida que atinge a altura máxima sua velocidade é zero em um instante de segundo.
> Qual é a aceleração dele neste momento?

Neste tipo de problema não há nada para calcular. Quero que visualize o problema em sua mente.

A velocidade é zero em um instante de tempo, mas ainda mudando em velocidade. A mudança de velocidade diminui por um segundo. Imagine que a moldura de pedra faz uma pausa por um segundo à medida que atinge sua altura máxima. Uma vez que a pedra certamente cairá teve uma aceleração antes de atingir uma velocidade de zero, e terá uma aceleração depois de parar por alguns segundos.

A segunda lei de Newton diz:

A aceleração de um objeto é diretamente proporcional à força líquida agindo sobre ele, e inversamente proporcional à sua massa.

A gravidade atuará sobre a pedra em todos os pontos de seu caminho, produzindo uma força líquida, e também produzindo uma aceleração constante em todos os pontos de seu caminho.

A velocidade é zero, mas ainda tem uma taxa de mudança de velocidade, neste caso, é a força gravitacional. A aceleração nesse ponto é de 32 pés/s^2

3. Problema conceitual

Um soldado romano carrega um escudo pesado para se proteger contra flechas de ferro. O escudo o protege do momento das flechas ou da energia cinética?

Uma flecha inimiga tem impulso e energia cinética, e quando atinge o escudo do soldado romano, ela empurrará o soldado romano um pouco para trás. O escudo protege o soldado romano da energia cinética, não do impulso.

4. Estratégia de problemas

Como aplicar a segunda lei de Newton corretamente em problemas.

A segunda lei de Newton diz:

A aceleração de um objeto é diretamente proporcional à força líquida agindo sobre ele, e inversamente proporcional à sua massa. Para simplificar, a aceleração depende de duas variáveis: a força agindo sobre um objeto e a massa do objeto.

Primeiro passo identificar todas as forças agindo sobre o objeto. Preste muita atenção à direção do vetor de aceleração de um objeto. Se você sabe a direção da aceleração uma seta irá ajudá-lo a escolher os melhores eixos de coordenadas.

1. Desenhe um diagrama com rótulos

2. Identifique cada força agindo em cada objeto (se mais de um)

3. Se a direção da aceleração for dada, escolha um eixo de coorden adaparalelo a essa direção. Por exemplo, se um objeto está desli zando para baixo, mostre um vetor mostrando força gravitacion al agindo sobre ele, e outra força paralela à superfície.

4. Aplique a segunda lei de Newton

5. Resolver o problema

Verifique as unidades corretas.

5. Estratégia de problemas

Como resolver o movimento ao longo de um caminho curvo problemas.

     COMO ESTUDAR FÍSICA

Para entender o problema rotular a força como força de tensão, ou força normal. Desenhe um diagrama do objeto. Inclua eixos de coordenadas e mostre o ponto de origem. Desenhe um eixo de coordenadas na direção do movimento e o segundo na direção centrípeta.

Aplique a segunda lei de Newton em forma de componet. Leve em conta a rede
forças agindo em objeto.

Se possível a aceleração substituta com v^2/r, v é a velocidade, e r é o raio.

Vamos assumir que o objeto se move em um círculo de raio r com uma velocidade constante, em seguida, usar 2(3.14)r/T, no qual T é o tempo para uma revolução.

6. Você suspende uma bola de boliche sob a superfície da água com uma corda. Quando está totalmente submerso sob a água você acha que se sente menos pesado. Como a bola de boliche está submersa ainda mais profunda, a força necessária para segurar a bola de boliche é a mesma?

Sim, a força flutuante não muda com a profundidade da água, então a força será a mesma.

7. Estratégia de problemas

Como resolver simples problemas de movimento harmônico

Para uma mola: se a mola for estendida, escolha a direção x positiva.

1. Use a equação para um movimento harmônico simples

$$F_x = -kx$$

2. Não use a equação cinemmática para aceleração constante.

3. Ao calcular funções trigonométricas certifique-se de que a calcu ladora está no modo apropriado (graus ou radianos)

8. Um bloco de massa de 1,8 kg é anexado a uma mola horizontal que tem
uma constante de força de 1,2 x 103 N/m. A pring é compactada a uma
distância de 3,0 cm, em seguida, o bloco é liberado de repouso.
ver figura.
Calcule a velocidade do bloco em x = 0,0 cm à medida que ele é liberado

Primeiro vamos considerar que a superfície é sem atrito. Neste problema
precisamos prestar muita atenção nas unidades. Observe que a distância é
dada em cm, mas precisamos dela em metros. Precisamos convertê-lo.

Figura

Dado:

massa de bloco: 1,8 kg
k = coeficiente = 1,2 x 10^3 N/m
Mola de distância é compactada: 3,0 cm

O princípio é o teorema do trabalho-energia que afirma que o trabalho
feito por uma força líquida constante Wnet em mover um objeto é igual à
mudança de energia cinética do objeto.

Wnet = Kf - Ki

Vamos primeiro calcular o trabalho feito até a primavera, Wspring, então usare-
mos este número para encontrar a velocidade com a seguinte equação:

$$W_{mola} = \frac{1}{2} k x_m^{\,2} \qquad W_{mola} = \frac{1}{2} m v_f^{\,2} - \frac{1}{2} m v_i^{\,2}$$

COMO ESTUDAR FÍSICA

Operation:

Converter distância da mola:

-3.0 cm = -3.0 x 10^{-2} m   ; valor negativo desde que o bloco é empurrado

Use a equação de Wmola para calcular o trabalho feito até a mola.

$$W_{mola} = \frac{1}{2}kx_m^{\,2}$$

Wmola = 1/2(1.2 x 10^3 N/m)(-3.0 x 10^{-2} m)^2= 0.54 J

Usar o teorema da energia do trabalho dá:

$$W_{mola} = \frac{1}{2}mv_f^{\,2} - \frac{1}{2}mv_i^{\,2}$$

Objetivo:

Wmola = 1/2(1.8 kg)V_f^2 - 0

Nota: Precisamos calcular a velocidade final, dada a velocidade inicial a zero.

0.54 J = 1/2(1.8 kg)V_f^2

V_f^2 = 1.08 / 1.8 kg = 0.6 m^2/s^2

V_f = 0.77 m/s

9. Um anel é aquecido até expandir um por cento. O diâmetro do orifício aumentará ou diminuirá?

Este problema de física não requer cálculo. Metais se expandem com calor. O diâmetro do anel aumentará à medida que você aplicar calor.

10. Estratégia de problemas

Como resolver problemas de atrito.

Existem quatro tipos diferentes de atritos: estático, cinético, deslizante e fluido. O atrito estático ocorre quando não há rolamento envolvido entre o objeto e a superfície. A força do atrito estático empurra o objeto para trás se opondo a ele. Em geral, o atrito estático é a força que impede a caixa de deslizar. O atrito é a força que se opõe à rotação de um movimento. Por exemplo, uma roda rola a uma velocidade constante em uma superfície horizontal não tem atrito de rolamento, pois não há força oposta a ela. o atrito cinético é uma força que se opõe ao movimento de um objeto. É uma força que não depende da força horizontal aplicada, mas depende de quais materiais a superfície é feita, e temperatura da superfície. Força fluida é a força oposta de líquidos ou gases.

Passos:

1. Desenhe um diagrama com eixo y e x, com eixo x paralelo à superfície de contato. Desenhe uma seta que significa a direção da força de atrito de uma forma que se oponha à força de deslizamento ou movimento.

2. Soma todas as forças, e resolva para a Força normal. Se houver força cinética, relacione-se com a força normal e atrito com o coeficiente.

3. Aplique forcce total ao objeto e resolva a quantidade.

11. Estratégia de Problemas

Como resolver problemas relacionados a colisões entre dois objetos

Passos:

1. Rotular objetos, configurar um sistema de coordenadas e definir as ve
   locidades.

2. No sistema de coordenadas desenhe uma seta indicando as direções, an
   tes ou depois do impacto. Adicione os valores de velocidade para ter
   uma ideia da velocidade de cada item.

3. Inclua sinais para vetores de velocidade, escreva uma equação para o
   sistema de coordenadas x e y para o momento de cada objeto antes ou
   depois do impacto.

4. Resolver.

12. Um tijolo de 4,0 kg é anexado a uma mola. Oscila com uma amplitude
   de 5,0 cm. Tem um período de 2.0 s.

a. Qual é a energia total?

Dado:

Amplitude: 5,0 cm
Período(T): 2,0 s

Energia: $E=\dfrac{1}{2}kA^2$

Constante de força: $k=m\omega^2$

Frequência angular: $\omega=\dfrac{2\pi}{T}$

Operação:

Converter amplitude de centímetros a metros:

5,0 cm = 0,050 m

Força substituta constante, e freqüência angular em equação de energia

$$E = \frac{1}{2} m \left(\frac{2\pi}{T} \right)^2 A^2$$

$$E = \frac{1}{2} (4.0\,kg) \left(\frac{2\pi}{2.0s} \right)^2 (0.050\,m)^2$$

$$4.93 \times 10^{-2}\, J$$

Objetivo:

A energia total é: $\qquad 4.93 \times 10^{-2}\, J$

CAPÍTULO 7

FÍSICA É TÃO COMPLICADA

Se você está tendo problemas com um curso, faça-se duas perguntas: o que você está fazendo de errado?, e por que você acha que está tendo dificuldade? Seja o mais honesto possível, tente encontrar uma solução, tente fazer as coisas um pouco diferente, e tente aprender do seu jeito. Você vai achar a física difícil se você não achar interessante, caso contrário, se você gosta de física, quer aprender, e você está disposto a estudar, então você terá sucesso.

Estas são algumas soluções:

- Se o livro não explicar o material claramente, então tente ir à sua faculdade ou biblioteca local para encontrar diferentes livros de Física, nos quais você encontrará alguns livros mais simples e fáceis de entender do que seu próprio livro.

- Se você planeja manter seu próprio livro, então destaque pontos importantes e escreva seus próprios comentários na margem.

- Fale com seu instrutor, ele pode sugerir um tutor, às vezes um bom tutor pode te ensinar melhor do que seu instrutor.

- Preste atenção especial às definições. Use um dicionário para encontrar um significado claro e conciso das palavras.

- Antes de fazer um exame, revise suas notas de aula, releia o capítulo, verifique se você pode resolver um problema de físi ca sem olhar para um exemplo. É essencial e mais importante aprender a resolver todos os problemas mostrados em sala de aula pelo seu instrutor.

- Procure o conselho de um aluno que tenha feito o curso.

- Matemática é uma das ferramentas mais importantes para

engenheiros, e cientista, quanto mais matemática você sabe, melhor você pode resolver problemas. Você pode precisar mel horar sua matemática. Leia matemática de capítulos em física, e tente resolver problemas de prática.

Estratégias de resolução de problemas e dicas estão incluídas em todo o livro didático para ajudá-lo a resolver problemas. Notas de rodapé às vezes são usadas para complementar um exemplo ou para citar uma referência a um conceito, certifique-se de ler todas as notas de rodapé. Você pode descobrir mais tarde na aula que você não sabia o material tão bem quanto você pensou que sabia, e é melhor descobrir durante os estudos do que durante o exame. Revise todos os dias suas anotações, e nos fins de semana resolva problemas.

Técnicas para estudar

Você tem que perceber que a razão pela qual é necessário estudar é para que você aprenda o material. Se você atrasar ou pospone para aprender o material; não será fácil aprender a maior parte em pouco tempo. Alguns alunos podem ter melhor desempenho sob pressão, e precisam se preocupar com uma nota para começar a estudar. Em alguns casos, não é fácil convencer-se a começar a estudar. Se você procrastinar para começar a estudar estes são alguns métodos que podem funcionar para você.

Tempo

A maioria das pessoas que procrastinam geralmente não têm um senso de tempo, que o tempo está do seu lado, e que eles têm o controle dele. A maioria sente que terá tempo suficiente para completar a lição de casa ou estudar mais tarde durante o dia.

Inteligência

A maioria das pessoas que demoram a estudar sentem que são muito inteligentes e têm a capacidade de lembrar e aplicar todos os conceitos e princípios. A maioria sente que entende o material porque o instrutor explicou tudo claramente. Não há necessidade de dedicar mais tempo ao que é explicado.

Métodos para estudar

1. Se você está navegando na internet, e não consegue se convencer a começar a estudar. Abra seu livro de física para qualquer capítulo, deixe o livro aberto e vire as páginas até encontrar um interesse ou a necessi dade de estudar.

2. É difícil entrar no clima para começar a estudar, em alguns casos ouvir música ajuda, tocar um filme e deixá-lo tocar em segundo plano enquan to você se concentra na tarefa. Mentes hiperativas tendem a fazer várias coisas ao mesmo tempo, e parecem se dar bem no aprendizado.

3. Pense no tempo que você tem para entregar uma tarefa, teste, exame de meio período ou exame final. Provavelmente você tem uma semana, um fim de semana ou um dia. Se você considerar em um período de 24 horas. Você vai precisar de 8 horas de sono, 8 horas para trabalhar, 3 horas para comer, 1 hora para fazer tarefas, 1 hora para fazer o trabalho doméstico, 1 hora para falar com seus amigos, 1 hora para a igreja, 1 hora para dirigir do ponto A ao ponto B, 1 hora para comprar a comida da casa, 1 hora para ler as notícias etc. Se você levar todas essas coisas em conta, você vai descobrir que você realmente não tem tempo sufi ciente e geralmente você terá pouco tempo para estudar, se você en contrar tempo principalmente à noite. Todos os dias lembre-se por que é necessário estudar, porque você não terá tempo suficiente para estudar mais tarde. Diga isso a si mesmo: "Preciso estudar agora ou não terei tempo suficiente para estudar mais tarde".

4. Pare o que está fazendo e pense por um segundo. Considere que o tempo se move rápido, segundos rapidamente se transformam em minutos, minutos rapidamente se transformam em horas, e que o dia terá uma manhã, uma tarde, e antes que você perceba que será noite. Esteja ciente de que o tempo se move rápido, se você não encontrar a razão para estudar agora, então o dia vai acabar, e você não terá tempo suficiente

para estudar no dia seguinte.

5. Considere onde você está agora, em referência ao tempo, pense por um momento o que você quer realizar. Pergunte a si mesmo como você vai chegar lá, e o que você precisa fazer. Sua resposta levará a "Preciso apren der, e aprender que preciso estudar". Toda pessoa para se tornar alguém na vida precisa estudar. Você precisa pensar em si mesmo, você não pode continuar a procrastinar mais, e você tem que agir agora.

CAPÍTULO 8

EXPERIMENTOS EM LABORATÓRIO

Leis e teorias físicas são testadas em laboratório. É uma ciência baseada em observações experimentais, e pode ser a parte mais emocionante do curso. O objetivo do trabalho de laboratório é testar ideias e modelos discutidos em sala de aula ou livro didático. Nos experimentos você verá a física em ação; ele vai ajudá-lo a entender e lembrar o que você discutiu na aula. Dá-lhe a oportunidade de praticar leis, algumas habilidades no uso de instrumentos e técnicas científicas. Em seu primeiro ano de física, você provavelmente irá explorar a física, aprender a fazer medições e descobrir novos princípios. É verdade que o mais provável é que você não vai fazer uma grande descoberta; o primeiro ano será simplesmente uma aventura de aprendizado.

Antes de ir a um laboratório de física, estude o manual de laboratório para que você saiba o que vai fazer, e você pode planejar com antecedência como usar seu tempo de forma eficiente. Faça um esforço para aprender o máximo que puder, e ao fazer experimentos faça várias leituras para ter uma ideia da confiabilidade de suas medidas. Preste atenção às derivações e às equações utilizadas, ao fazer cálculos, quando você substituir valores na equação você saberá por que você os usa.

Divirta-se em laboratório, mantenha sua mente aberta e alerta, se possível, experimente coisas não solicitadas nas instruções para colocar suas próprias ideias à prova.

Sempre leve seu livro de física para o laboratório. Leve um caderno e uma caneta para a aula para anotações sobre suas observações.

Experimentos mecânicos

Você estudará atrito, força, impulso, lei da gravidade, energia, velocidade, vetores, equilíbrio etc. O objetivo desses experimentos é direcionar seu pensamento sobre como os princípios da física funcionam. O experimento de força centrífuga você aprenderá sobre força interna, e como calcular a força em um pneu desequilibrado viajando em alta velocidade.

Experimentos de eletricidade

Você vai medir a corrente em um circuito, você vai calcular a resistência, e então medir ohms com um medidor de volt. Em experimentos mais avançados você construirá um diagrama de circuito.

Experimentos ópticos

Você aprenderá a calcular a distância focal. Você vai comparar a distância focal com o valor experimental encontrado na classe, e com o valor calculado usando fórmulas.

Faça a si mesmo estas perguntas:

- Qual é o propósito desta experiência?

- Por que fazemos assim?

- O que essa medição mostra ou prova?

- Tenho todas as medidas que preciso para completar meu experimento?

    COMO ESTUDAR FÍSICA

Elaboração de relatórios laboratoriais

O objetivo de cada experimento é fazer com que o aluno perceba que o trabalho laboratorial tem aplicações fora do laboratório. Um aluno tem que escrever um relatório para mostrar ao instrutor que ele entende como a física funciona. Escrever um relatório científico é a ferramenta mais importante de cada cientista e engenheiro. O relatório do laboratório ensina um aluno a colocar seus pensamentos por escrito, porque é preciso poder mental para transferir pensamentos para o papel. O relatório deve ser claro, seu objetivo é transmitir informações aos leitores em vez de confundi-los. Todo cientista precisa aprender a habilidade de se expressar claramente. Seja preciso e conciso em escrever experimentos de laboratório. Ao escrever um relatório de laboratório explique os experimentos com palavras simples, não tente impressionar o instrutor, e deve ser fácil de ler.

CAPÍTULO 9

COMO FAZER EXAMES

Se você estudou cuidadosamente, e realmente sabe o que estudou, então você provavelmente está pronto para o exame. Se você tem estudado todos os dias, então você não tem nada com que se preocupar. Lembre-se que não há técnica para fazer exames, e instruções sistemáticas que você pode seguir. No dia do exame, levante cedo para que você possa tomar um longo banho, tomar seu tempo tomando um café da manhã saudável, e dirigir ou caminhar no ritmo certo para o exame. Chegue cedo, se possível, sente-se calmamente, pegue seu lápis, papel, calculadora, óculos (se precisar), anotações e aborrachação pronta.

Fazendo um exame

1. Leia as perguntas com atenção. Escreva seu nome e a data do exame. Descubra exatamente do que se trata cada problema. Confira o número de perguntas a serem respondidas. Navegue rapidamente pelo exame para saber o que esperar. Não se apresse. trabalhar em um ritmo conveniente, mas sem desperdiçar tempo.

2. Responda primeiro às perguntas sobre as quais você sabe mais. Se você acha que pode ficar sem tempo certifique-se de ter respondido os mais fáceis. Não perca tempo com os problemas difíceis. Não se preocupe com como você está. Não gaste muito tempo em nenhuma pergunta.

3. Não preste atenção nos outros. Orçar seu tempo.

4. Anote o trabalho completo necessário na folha de respostas em ordem, limpe e rotule suas respostas, se possível. Não apague nada se tiver dúvidas, não deixe nenhuma pergunta

em branco, você pode obter crédito parcial por tentar ou pode estar certo depois de tudo.

5. Verifique seu trabalho, e lembre-se de colocar as unidades. A habilidade de seguir instruções conta muito em um ex ame. Não duvide de suas respostas se tiver alguma dúvida.

6. Dez minutos antes do exame acabar, leve cerca de um minuto para verificar seu trabalho para ter certeza de que você não cometeu grandes erros. Não deixe nenhuma per gunta sem resposta; escrever o melhor que você sabe.

Faça-se essas perguntas antes de enviar seu exame:

- Já respondi todas as perguntas?

- Preciso converter unidades?

- Eu me sinto bem com as respostas?

- Estou esquecendo de fazer alguma coisa?

- Estou pronto para submeter o exame?

A maioria dos instrutores não está planejando reprovar os alunos; eles realmente querem que os alunos se darbem bem nos exames. Instrutores preparam exames para que alunos comuns e cuidadosos possam passá-los. Depois que os documentos do exame forem devolvidos a você, certifique-se de rever os pontos que você perdeu. Se você foi mal avaliado, então você precisa sentar e descobrir o que você fez de errado. Aprenda com seus erros, e prometa a si mesmo que você vai fazer melhor no próximo exame. Se você fez um ótimo, bom trabalho, você ensinou a si mesmo como estudar física, desenvolveu um sistema organizado para examinar problemas e extrair informações relevantes. Você se tornará um solucionador de problemas mais confiante.

Esta página intencionalmente deixou em branco

 COMO ESTUDAR FÍSICA

APÊNDICE

Constantes

Aceleração da gravidade	$9.81 \ m/s^2 = 32 \ pe/s^2$
Velocidade da luz	$2.997{,}924.58 \times 10^8 \ m/s$
Número de Avogadro	$6.022 \ 1415 \times 10^{23}$ Partículas/mol
Velocidade do som	$331 \ m/s$
Densidade do ar	$1.217 \ kg/m^3$
Velocidade de fuga	$1.12 \times 10^4 \ m/s; \ 6.95 \ mi/s$
Massa da Terra	$5.97 \times 10^{24} \ kg$
Raio da Terra	$6.37 \times 10^6 \ m; \ 3960 \ mi$
Constante solar	$1.37 \ kW/m^2$
Temperatura padrão	$273.15 \ K \ (0.00°C)$
Pressão padrão	$101.325 \ kPa \ (1.00 \ atm)$
Carga fundamental	$1.602 \ 176 \ 453 \times 10^{-19} \ C$
Massa de elétrons	$9.109 \ 382 \ 6 \times 10^{-31} \ kg$
A constante de Planck	$6.626 \ 0693 \times 10^{-34} \ J \ s$
Massa de prótons	$1.672 \ 621 \ 71 \times 10^{-27} \ kg$

Fatores de conversão

Comprimento

1 m = 39,37 em = 3,281 pé = 1,094 jd
1 m = 1015 fm = 1010 Å = 109 nm
1 km = 0,6214 mi
1 mi =5280 ft = 1.609 km
1 ano-luz = 9.461 x 1015 m
1 em = 2.540 cm

Tempo

1 hora = 3600 segundos
1 ano = 365,24 dias = 3,156 x 107 s

Massa

1 tonelada = 103 kg = 1Mg
1 lesma = 14,59 kg
1 kg = 2,21 lb

Volume

1 Litro = 1000 cm3 = 10-3 m3
1 gal = 3,785 L

Unidades SI

Comprimento	Metros	m
Massa	Quilograma	kg
Tempo	Secondo	s
Corrente elétrica	Ampères	A
Temperatura	Kelvin	K
Quantidade de substância	Mole	mol
Intensidade luminosa	Candela	cd

Esta página intencionalmente deixou em branco

Esta página intencionalmente deixou em branco

BIBLIOGRAFIA

Simon, H. A.,& Newell, A. Human problem solving, American Psychologist, 1971

Polya, G., How to solve it, Garden City, N.Y.: Doubleday & Company, 1957

Wickelsgren, Wayne, How to Solve Problems, San Francisco, CA,: W. H. Freeman and Company, 1938

Serway, Raymond A., Physics: for Scientists & Engineers, 4th Edition, James Madison University, Saunders College Publishing, 1996, 1990, 1986, 1982

Leighton, Walter, A First Course in Ordinary Differential Equations, University of Missouri, Wadsworth Publishing Company, Inc. Belmont, CA, 1976

Snell, T. Cornelia, Snell, Foster Dee, Ph. D., Chemistry Made Easy: Volume one, The theory of inorganic chemistry, Van Nostrad Company, NY, 1943

Belvoir, Fort.,How to study and take examinations, US Army Engineer Training Brigade, US Army Engineer School, 1984

Chapman, Seville., How to Study Physics, Addison-wesley press, Cambridge, Mass., 1949

Mann, Charles Riborg, The teaching of physics for purposes of general education, The Macmillan company, NY., 1917

Chessin, P. L., Problem for solution: American Mathematical Monthly, 1954

Giancoli, Douglas C., Physics: Principles with Applications, fifth edition, Prentice Hall, Upper Saddle River, New Jersey 07458, 1998, 1995, 1991, 1985, 1980